JN273753

科学のアルバム
かがやく
いのち

イネ
― 米(こめ)ができるまで ―

飯村茂樹

監修／白岩 等

あかね書房

科学のアルバム かがやくいのち イネ 米ができるまで **もくじ**

第1章 1つぶのたねから ― 4

- たねから芽が出る ―― 6
- 葉がのびてきた ―― 8
- 根がふえていく ―― 10
- 水につかって育つイネ ―― 12
- 田植えのじゅんび ―― 14
- 田植えをする ―― 16
- ふえていく葉 ―― 18

第2章 田んぼにすむ生きもの ― 20

- あさい水辺にすむ生きもの ―― 22
- 田んぼの虫 ―― 24
- イネを利用する虫 ―― 26
- 田んぼの鳥 ―― 28

第3章 花がさいて実ができる ― 30

- 穂ができていく ―― 32
- 花びらのない花 ―― 34
- たねが育っていく ―― 36
- 大きくなった穂 ―― 38
- 黄金色になったイネ ―― 40
- イネをかりとる ―― 42
- 1つぶから1000つぶ以上に ― 44

みてみよう・やってみよう ── 46

バケツでイネを育てよう 1 ── 46
バケツでイネを育てよう 2 ── 48
バケツでイネを育てよう 3 ── 50
イネと米を調べよう 1 ── 52
イネと米を調べよう 2 ── 54
イネと米を調べよう 3 ── 56

田んぼのカレンダー ── 58

3月～8月の田んぼ ── 58
9月～2月の田んぼ ── 60

さくいん ── 62
この本で使っていることばの意味 ── 63

飯村茂樹

1958年、群馬県高崎市生まれ。20歳から滋賀県栗東市にうつり、27歳から写真活動に入る。季節のうつろいや時の流れにより変化する身近な自然を定点で追いながら、そこにくらす生きものや植物の生態をわかりやすく表現する。動物、野鳥、昆虫をはじめカエルやザリガニなど、足もとの自然から空にうかぶ雲まで、はば広く撮影している。『時間のコレクション』(フレーベル館)、『めざせ！フィールド観察の達人』(偕成社)、『鳥たちが教える琵琶湖の未来』(大日本図書)、『どんぐりころころ大図鑑』(PHP研究所)など多数の著書がある。

田んぼがひろがる風景や、そこにくらす生きものや植物の撮影をはじめて15年ほどになります。今回テーマとして選んだ「イネ」のたねは、日本人ならだれもが当たり前に目にする「米」です。たねもみからの成長を観察すると、米ができるまでの過程は思いのほか複雑で、おもしろいことがわかります。とくに開花のようすは、短時間でつぎつぎにえいが開閉するシーンがみられ、イネの成長を実感できるおすすめの観察ポイントといえます。また、イネの成長を追いながら、イネにかかわるたくさんの生きものに出会うことも、楽しみのひとつです。生きものは、水中にいたり、葉の上や穂にとまっていたり、季節によって種類もちがうので、撮影は大いそがしです。それでも、田んぼにはまだまだ撮影したことのない楽しい世界がいっぱいで、新しい発見を期待しながら、今日も田んぼへ出かけます。

白岩 等

筑波大学附属小学校教諭。1960年生まれ。横浜国立大学教育学部理科教育学科卒業。専門は理科教育学。現在、筑波大学附属小学校での理科教育をおこないながら、小学校理科、生活科の教科書編集委員、NHK理科教育番組編成協力委員、日本初等理科教育研究会の副理事長、雑誌『初等理科教育』の編集委員などをつとめている。理科教育に関する著書および論文、動物・植物などをあつかった児童向け書籍(監修や執筆指導を担当)が多数ある。

毎日たべているお米ですが、実際にイネが成長していくようすをみる機会は、なかなかありません。1つぶのたねもみから育ったイネには1000つぶ以上の実がなります。すごいことですね。イネは田んぼでしか育てられないと思っている人が多いでしょうが、じつはバケツを使って育てることもできます。これなら自宅でもできますね。自分でなえを育て収穫まで体験すると、イネに対するいろいろな発見があるでしょう。そして、収穫した米を使ってたいたご飯の味は、格別でしょう。ぜひ、挑戦してみてください。

第1章 1つぶのたねから

田んぼ（水田）に、先がとがった緑色の葉がたくさんみえます。イネの葉です。初夏に田んぼに植えられたイネのなえは、梅雨から夏の間にぐんぐん育ち、秋にはたくさんの実をみのらせます。この実が、わたしたちがたべる米になります。1つぶのたね（たねもみ）から芽を出したイネが、どのように育ち、どのようにしてたくさんの米ができるのか、みてみましょう。

● 夏の田んぼ。イネの葉がしげり、穂が出てきています。

▲ 春の初めの田んぼ。まだ水はひかれておらず、イネも植えられていません。

▲ イネの実の中身が、わたしたちがたべている米です。日本では、4500年ほど前からイネが育てられていました。

▲ イネのたね。外側はえいというもみがらにつつまれています。

■ たねを入れたバケツに食塩水を入れ、よいたねもみをえらびます。

たねから芽が出る

　春、田植えの時期を見定め、イネを育てるじゅんびがはじまります。じょうぶなイネを育てるために、食塩水につけて、よいたね（たねもみ）をえらびだします。そして、えらんだたねをあらい、病気にならないように消毒してから、1週間ほど水につけます。水をすわせ、ねむっていたたねを目ざめさせるのです。
　水をすってふくらんだたねは、田んぼにまくのではなく、なえをつくるための箱（なえ箱）にまいて、土をかぶせておきます。まだ外は寒いので、なえ箱をビニールハウスの中に置いたり、風にあたらないようにおおいをして育てます。4日から1週間ほどすると、たねから根が先に出て、芽ものびはじめます。

◀ しっかり育っていない軽いたねをとりのぞくため、100mLの水に対して食塩を13gとかした食塩水をつくり、その中にたねを入れます。中に栄養がたっぷり入っているたねはしずみ、栄養が少ないものや元気でないたねなどは、うきます。

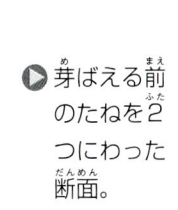

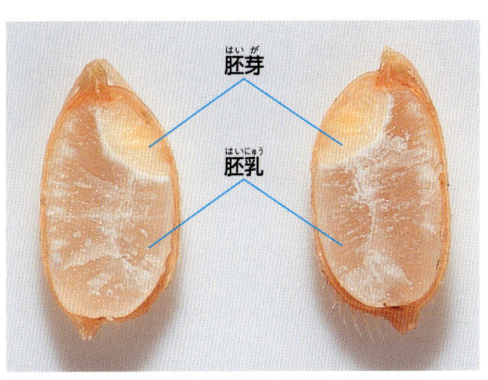

◀ 水をすって芽が出やすくなったたねを、なえ箱（60㎝×30㎝）の土の上にまきます。田植えをするときに植えやすくするため、機械を使って一定の間隔でたねまきします。

▶ 芽ばえる前のたねを2つにわった断面。

胚芽
胚乳

▲ なえ箱の中でいっせいに芽ばえたなえ。うすくかぶせた土をおしのけて、地上に芽が出てきます。

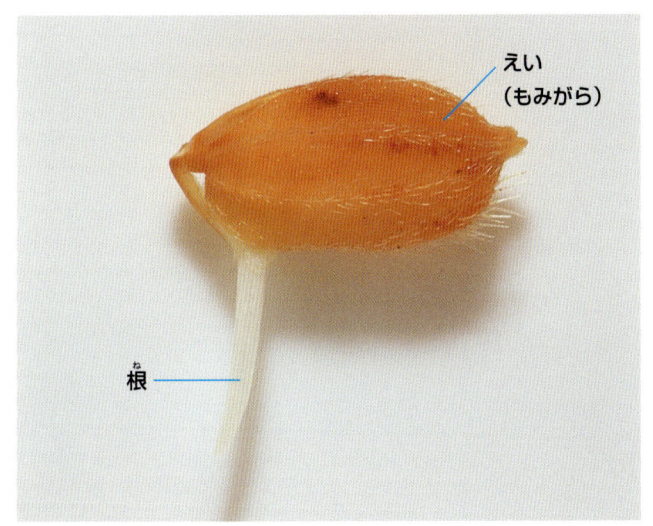

えい（もみがら）
根

▲ 根を出したイネのたね。先に根がのび、つぎに芽がのびてきます。

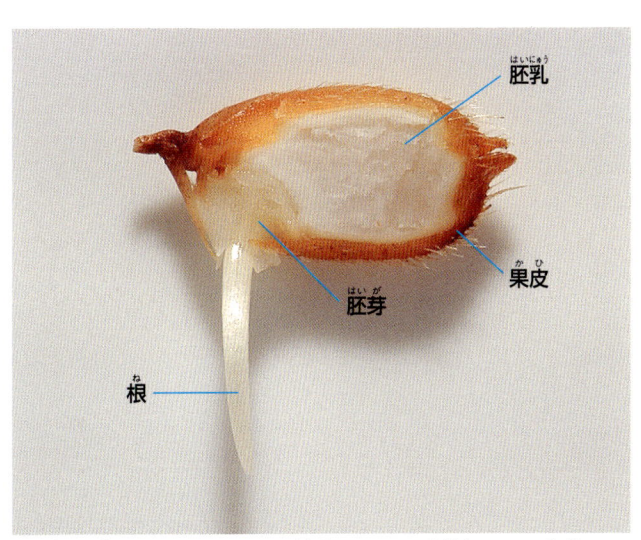

胚乳
胚芽
果皮
根

▲ 芽を出したイネのたねの中身。えいの表面にある果皮につつまれて胚芽と胚乳があり、胚芽から根と芽がのびています。

葉がのびてきた

　地上に出た芽は、根から水をすい上げ、胚乳の栄養を使ってのびていきます。はじめに出てきた芽（子葉）につつまれるように、内側から緑色の細い葉（本葉）がのびてきます。1まいめの本葉が少しのびると、その内側から2まいめの本葉がのびてきます。

　1まいめの本葉は、2まいめの本葉をつつんだかっこうのまま、それほど大きくはなりません。でも、2まいめの本葉からは、大きくのびてさじ（スプーン）のような形に先がひらきます。その形からこの葉を、さじ葉といいます。さじ葉がひらくと、葉で光をあびて、大きく成長するのに必要な栄養をつくることができるようになります。

子葉

根

● 根につづいて、子葉がのびてきたイネ。子葉ははじめ根と同じような色ですが、だんだんうす緑色にかわっていきます。

単子葉と双子葉

植物には、イネやツユクサ、トウモロコシなどのように子葉が1まいのものと、アサガオやヘチマなどのように子葉が2まいのものがあります。子葉が1まいの植物を単子葉植物、2まいの植物を双子葉植物といいます。

単子葉植物の子葉は、本葉をつつんで保護するやくめと、種子の本体である胚乳から栄養をすって根や茎、葉に送るやくめをします。

△アサガオの子葉。光をあびて、成長に必要な栄養を葉の中でつくりだします。

◁ツユクサの子葉。地上に出ている子葉は、本葉を保護するさやのやくめをします。

△芽が出て2〜3日で、2まいめの本葉が出てきます。2まいめの本葉はさらに上へとのび、さじ葉がひらきます。根もあちこちから細いひげ根をのばしはじめます。

3まいめの本葉
(2まいめのさじ葉)

2まいめの本葉
(1まいめのさじ葉)

■ 3まいめの本葉(2まいめのさじ葉)がひらいたイネ。5本の根のつけねにある短い節からもたくさんの根が出てきています。

根がふえていく

　イネの根は最初はたねから出た1本だけです。でも、1まいめのさじ葉がひらくころには、最初の根からは細い根がたくさん出ます。また、子葉のつけねからは新しい根がさらに4本のびて、全部で5本になります。

　5本の根が長くのび、しっかりと茎をささえるようになると、茎のつけねにある短い節から、たくさんの根（ひげ根）が出てきます。この節は子茎（19ページ）がふえるにつれてふえていき、それぞれからたくさんのひげ根が出るので、最後にひげ根が500本から1000本くらいになります。根は茎をしっかりとささえ、さらに成長に必要な養分や水をすい上げ、茎や葉に送るやくめをします。

▲ 本葉が出たばかりのころのイネとたねの断面。胚乳の部分がびっしりとつまっています。根は、まだ1本です。

▲ 芽が出て2週間ほど。栄養が使われて、胚乳の部分が小さくなってきています。根がふえてきました。

▲ 芽が出て1か月ほど。胚乳の栄養がすっかり使われて、中身がほとんどなくなっています。ひげ根がたくさんのびています。

▲ 秋まで育ったあとのイネの根。ひげ根が500〜1000本ほどもあり、どれも長くのびています。

▲ ヒマワリの根。イネとはちがい、下にのびる太い主根から、細い側根がたくさんのびています。

水につかって育つイネ

　イネは、根や茎の根もとが水につかるような場所で育つ植物です。このような場所は、カビや病原菌がふえにくく、水から養分が補給され、あたたまった水が寒さからなえを守ってくれます。そのためほとんどのイネ*は、畑ではなく、水をはった田んぼで育てられているのです。
　根や茎が水につかると、ほかの作物や野菜では根がしおれてしまうのに、イネはだいじょうぶです。水につかってもよく育つのは、イネの根や茎にひみつがあるからです。イネの根や茎には、空気が通るくだ（通気孔）がたくさんあり、葉からすいこんだたくさんの空気を根や茎に送っているのです。そのため、水の中でも根や茎が元気に育つのです。

*種類によっては、畑で育てられるイネ（陸稲または、おかぼといいます）もあります。陸稲は、日本ではもち米がみのる種類が多く栽培されています。

▲ なえの根もとを切ったもの。茎の中だけでなく、茎をつつむようについている葉のさやの中にも、たくさんの通気孔があります。

◀ イネの葉をよくみると、たくさんの葉脈というくだが、葉の先から根もとに向かって、平行にならんでいるのがわかります。葉脈は、根から養分と水を運ぶくだ（道管）と、葉でつくられた栄養を運ぶくだ（師管）、通気孔でつくられています。

▲ コナラの葉の葉脈。葉脈はイネのように平行ではなく、まん中の主脈からえだ分かれしています。

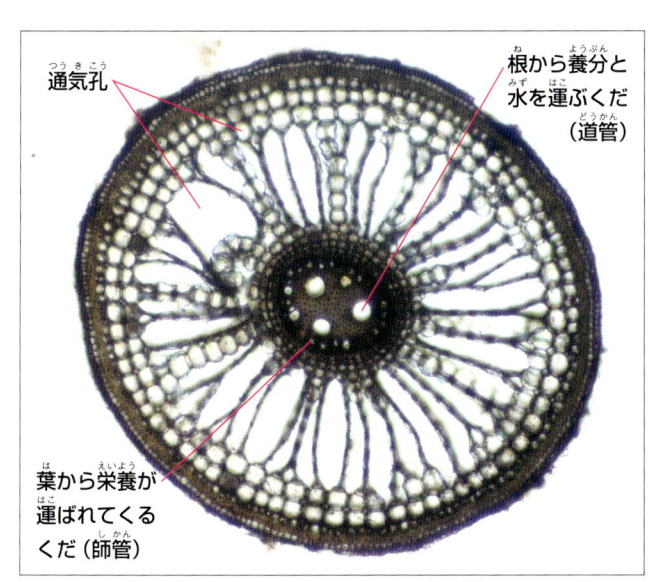

■ なわしろ（田んぼに植えかえるなえを育てるためのなえどこ）で育つイネのなえ。2まいめの本葉が出たころ、なえ箱を水をはったなわしろにならべます。根もとが3〜5cmほどつかるように水をはります。

▲ イネの根を切ったもの。たくさんの通気孔があり、葉からすった空気がたくさん運ばれてきます。

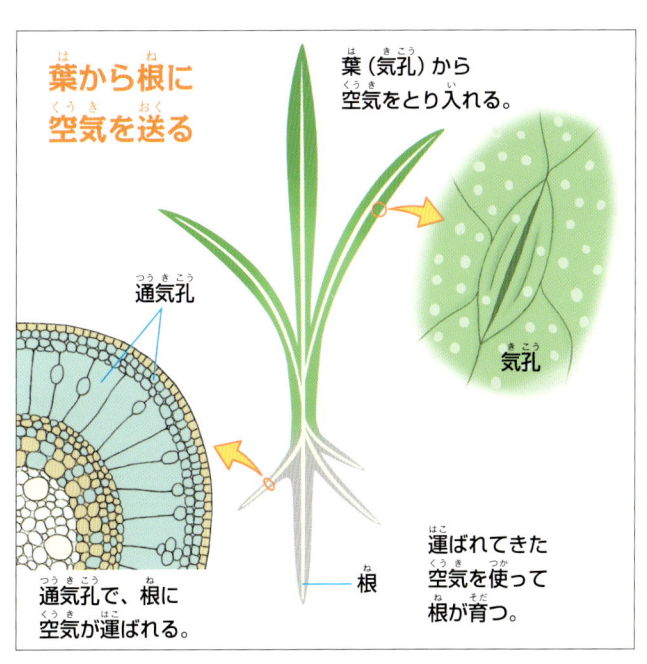

葉から根に空気を送る

葉（気孔）から空気をとり入れる。

通気孔で、根に空気が運ばれる。

運ばれてきた空気を使って根が育つ。

■ 田植えの時期を見定めると、耕運機を使って田おこしをします。

田植えのじゅんび

　なわしろでイネのなえが育っているあいだ、田んぼでは田植えのじゅんびがはじまります。まず、冬のあいだにかたくなった土をたがやし、土のあいだに空気を入れ、土をやわらかくします。この作業を、「田おこし」といいます。

　田おこしの前に、田んぼでゲンゲ（レンゲソウ）を育て、花がおわるころにゲンゲごと土をほりおこしてよくまぜ、肥料のかわりにすることもあります。

　田おこしがすむと、用水路から田んぼに水を入れ、水がもれないようにあぜを修理してかためます。田んぼに水がはられたら、土をかきまぜ、たいらにならす作業（代かき）をして、田植えのじゅんびがととのいます。

▲ ゲンゲの花がさいている田んぼを田おこししています。ゲンゲは、根にたくさんのチッ素をたくわえているため、土にまぜこむと、とてもよい肥料になります。

▲ 田おこしした田んぼに、用水路から水をひき入れます。水にとけている養分も田んぼに補給されていきます。

▲ あぜぬり作業。あぜ*に田んぼの土をつみ、くわやすきでかためます。

▲ 代かきの作業。水が入った田んぼの土をかきまぜて細かくし、肥料とまぜ、たいらにならしていきます。

*あぜは、田んぼを区切り、水が外にもれないようにする土の土手です。

▲ 田んぼのはしなど、機械で植えにくい部分は、人が手で田植えをします。

■ 広い田んぼでは、ふつう機械による田植えがおこなわれます。

田植えをする

　たねをまいてから1か月ほど、なえの本葉が3まいから5まいくらいになったら、田植えをします。なえ箱からなえを出して田植え機にセットし、2本から3本を1たばにし、規則正しくあいだをあけて、田んぼに植えていきます。

　昔は機械ではなく、すべて人の手でおこなわれていましたが、今では機械で田植えをする場所が多くなっています。でも、機械では植えにくい部分などは、今でも人が田んぼに入って、手で1たばずつ植えていきます。また、山や丘の斜面につくられた小さな田んぼ（棚田とよばれます）には、機械を使わずに人の手でする田植えの風景がのこされています。

▲ 棚田百選の1つ滋賀県高島市畑の棚田。日本の田園風景がのこる棚田を保っていくため、農林水産省は全国117市町村の棚田を「日本の棚田百選」としてえらんでいます。

■ 田植えのおわった田んぼ。育つときに葉が光をじゅうぶんにあび、根を広げることができるよう、あいだをあけてなえが植えられています。

ふえていく葉

アサガオやヒマワリなどの植物は、つるが枝分かれしてのびて先がいくつもに分かれたり、茎が分かれたり枝が出たりして育ちます。一方イネは、親茎のつけねから新しい子茎ができ、それをくりかえす方法で、茎がふえます。

イネのなえから4まいめの本葉がのびてくると、1まいめの葉が茎から分かれ、細い茎にかわっていきます。そして、その茎の中から、新しい葉がのびてきます。この新しい茎ができることを「分げつ」といいます。

分げつは、茎に新しい葉が出たときに、その3まい前の葉の部分でおきます。つまり、4まいめの葉が出たときに1まいめの葉で、5まいめの葉が出たときには2まいめの葉で分げつがおこるのです。また、子茎でも同じように分げつがおきて、孫茎やひ孫茎ができます。

■ 梅雨のころのイネのようす。気温が高くなってくると、さかんに分げつがおこり、葉がふえて根の数もふえます。

▲ 梅雨がおわると、イネ以外の雑草ものびてきます。よいイネを育てるために、雑草をぬく「草とり」をしたり、あぜの「草かり」をしたりします。

▲ 梅雨がおわったあとのイネ。分げつが進んでたくさんの葉ができ、大きく育ってきました。葉の数は夏のあいだに30〜70まい以上にもふえます。

▲ 分げつは、親茎を中心にして、子茎がその左と右に順番にできていきます。根の数も1つの節から10本以上出て、長くのびていきます。

▲ 分げつにより茎の数がふえてくると、根もとから数えて3〜4ばんめくらいより上の節が長くのびてきて、全体の高さがましていきます。

イネの節

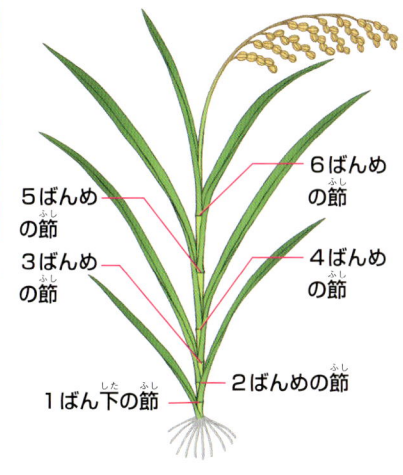

6ばんめの節
5ばんめの節
4ばんめの節
3ばんめの節
2ばんめの節
1ばん下の節

カモが草とりをする

米づくりでは、草とりに大きな手間がかかります。この草とりの手間を、田んぼでアイガモ（マガモとアヒルの交雑種）を飼うことで少なくするという方法（アイガモ農法）があります。田植えをしたあとに、アイガモを田んぼに入れて、雑草の芽をたべてもらうのです。アイガモのふんが水に養分を補給してくれるだけでなく、田んぼを泳ぎまわって土をかきまぜるので、根が元気になるという利点もあり、この方法を使う農家もふえています。

▲ 田んぼの中をおよぐアイガモの群れ。ほかににげないように、田んぼをかこってアイガモを飼います。

第2章 田んぼにすむ生きもの

　田んぼには、いろいろな生きものがすんでいます。春の終わりから秋のはじめまでは、あさく水がはられているので、いろいろな水辺の生きものがみられます。また、秋から春のはじめまでは水がなくなり、畑や野原などにすむ生きものもみられるようになります。

■ 田んぼをおよぐトノサマガエル。あさい水がはられた田んぼは、カエルがくらすのに適した環境といえます。

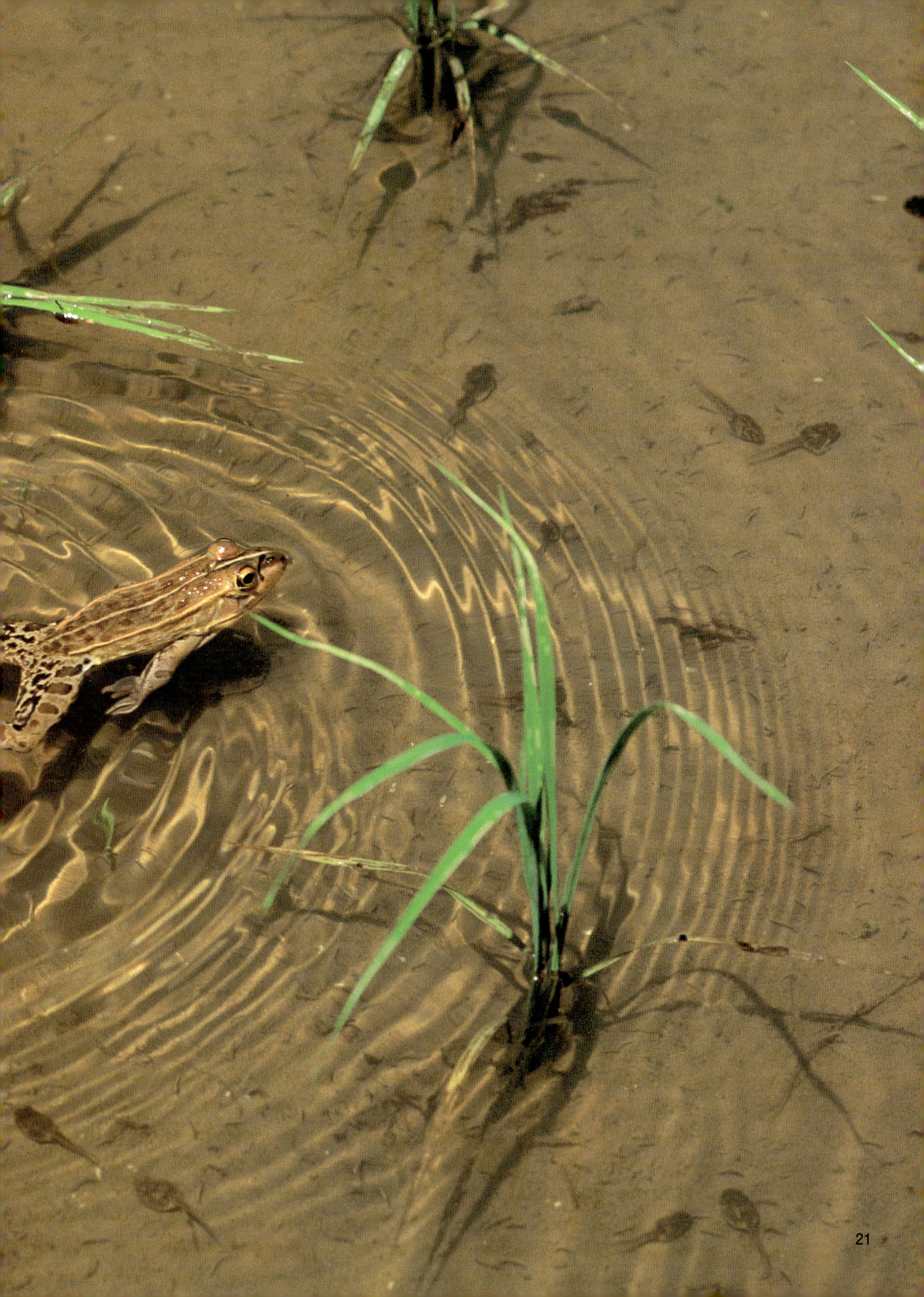

あさい水辺にすむ生きもの

　春に田んぼに水が入ると、緑藻などの植物プランクトンがふえはじめ、それにあわせるように、ゾウリムシやミジンコ、カブトエビやホウネンエビがふえてきます。そして、これらをたべる魚やカエル、アメリカザリガニ、貝なども、用水路をとおって田んぼにやってきます。

　また、田んぼの水はあさくてあたたかく、流れもあまりありません。大きな魚などが入りこむことができず、おそわれるきけんが少ないので、水辺の生きものが卵を産み、子育てをするのに適した場所です。そのため、田んぼには、メダカをはじめとして、フナやナマズ、カエルやイモリ、巻き貝などが卵を産みにやってきます。

■ メダカは、田んぼの魚の代表です。春のおわりに卵を産み、田んぼやまわりの小川で成長します。

▲ドジョウ。用水路や小川から田んぼに入って、梅雨の時期に卵を産みます。

▲ギンブナ。用水路や小川で多くみられますが、田んぼの中に入って産卵することもあります。

▲ミジンコ。田んぼに水が入ると、卵からかえって、数がふえていきます。

▲アメリカカブトエビ。田んぼのどろをかきまわし、雑草がはえるのをおさえます。

▲アメリカザリガニをたべるウシガエル。どちらももともと日本にはいなかった外来生物ですが、各地の田んぼでみられます。

▲マルタニシは、かつては田んぼでごくふつうに見られましたが、最近は数がへってきています。

▶ニホンイモリ。春から夏のはじめに田んぼにすがたをみせ、イネの葉や水草をおりたたみ、卵を産みつけます。

⬤ 日がくれた田んぼの上を光りながら飛びまわるゲンジボタルの群れ。ホタルの成虫（円内）は、夏のはじめ、1週間ほどの短い期間にみられます。幼虫は田んぼのまわりにある小川、用水路の水の中でくらしています。

田んぼの虫

　田んぼでは、水面にすむアメンボやミズスマシ、マツモムシや、水の中にすむタイコウチやミズカマキリ、ゲンゴロウなど、水生昆虫とよばれる虫たちがたくさんみられます。また、幼虫が水の中でくらすトンボやホタルなどの虫も、数多くすがたをみせます。

　これらの水生昆虫には、水があさくてあたたかく、流れの少ない田んぼで、かりをしてくらしているものがたくさんいます。

▲ 水面にいるアメンボ。水面に落ちた虫などの体液をすいます。幼虫は、水中でくらしています。

▲ シオカラトンボのオス。アキアカネやウスバキトンボなど、多くのトンボが田んぼに産卵し、幼虫が水中でくらします。

▲ アジアイトトンボのオス。小さいのであまり目立ちませんが、イトトンボのなかまも数多くの種類がみられます。

▲ ミズスマシ。田んぼなどの水面をおよぎまわって、水面に落ちた虫などをつかまえて食べます。幼虫は水中でくらします。

▲ コオイムシ。オスが背中に卵を背負って、ふ化するまで保護します。前あしで小魚やオタマジャクシをつかまえ、針のような口で体液をすいます。

▲ マツモムシ。背中を下にむけた姿勢で水面近くをおよぎ、水中の小さな生きものをつかまえて、針のような口で体液をすいます。

▲ ヒメゲンゴロウ。各地の田んぼでふつうにみられるゲンゴロウのなかまです。死んだ魚やオタマジャクシなどをたべます。

25

イネを利用する虫

　田んぼでくらす虫には、イネをたべたり、イネに卵を産んだりする虫がいます。これらの虫は、イネの成長をさまたげたり、病気などをはこんだりするために、害虫として、農家の人からきらわれています。

　一方、このような虫をつかまえるクモもいます。害虫をつかまえてたべてくれるので、益虫ともよばれます。コガネグモやサラグモのようにあみをはってえものをつかまえるクモと、コモリグモやハエトリグモのように、あみをはらず、歩きまわってえものをつかまえるクモがいます。

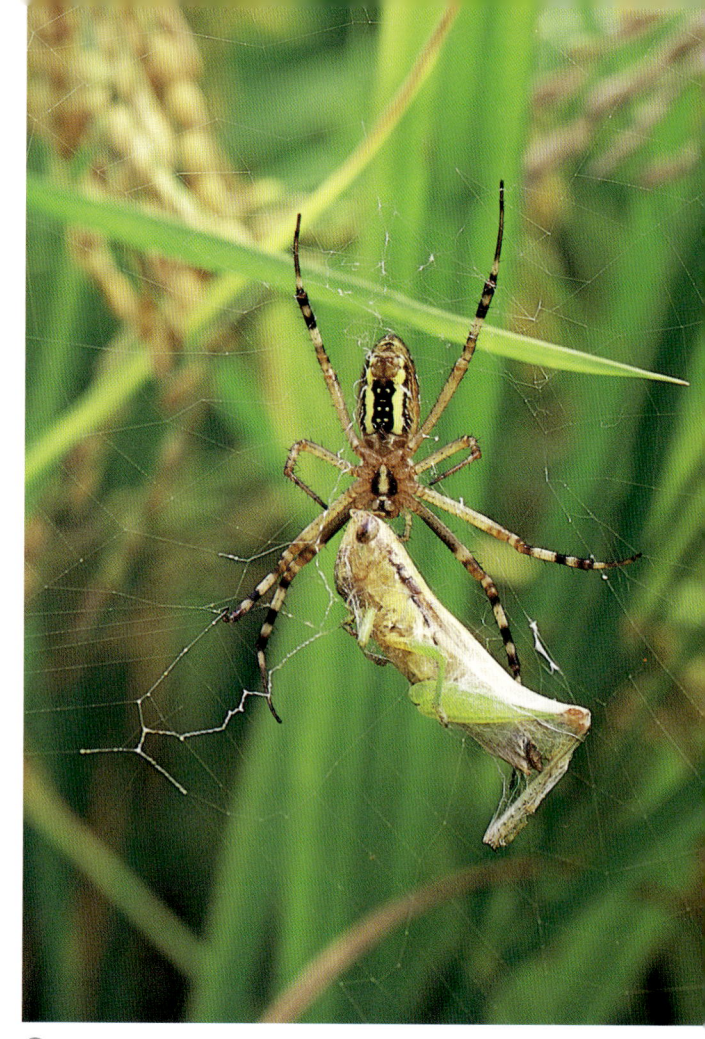

△ コバネイナゴをつかまえたナガコガネグモ。コガネグモやジョロウグモとともに、田んぼでよくみられる、あみをはるクモです。

△ キクヅキコモリグモ。コモリグモのなかまで、あみははりません。田んぼの水面を歩いて移動することができます。

▷ イネの葉にやってきたヒメジャノメ（チョウ）。イネなどに産卵し、幼虫はイネやススキの葉をたべて育ちます。

🔺 イネミズゾウムシ。アメリカから侵入した外来生物です。成虫はイネの葉をたべてイネに産卵し、幼虫はイネの根をたべます。

🔺 ツマグロヨコバイのオス。イネの葉や実からしるをすって、そのときにイネの病気を伝染させたり、ふんが病気の原因になったりします。

🔺 セジロウンカ。夏に中国などから飛んできます。茎からしるをすい、茎や葉に産卵して、イネに被害をあたえます。

🔺 コバネイナゴ。イネの葉をくいあらします。大発生して大きな被害が出ることもあります。

◀🔺 イネの葉のうらにかくれているフタオビコヤガ（イネアオムシ）の幼虫（上）と、葉の上の成虫（左）。イネをくいあらす害虫として、よくしられています。

▶ クモヘリカメムシ。イネにはいろいろなカメムシがやってきます。針のような口で実や葉のしるをすいます。

■ スズメ。秋から冬の田んぼで多くみられます。春から夏は田んぼの虫をたべ、秋から冬はみのったイネのたねや、地面におちたたねをたべます。

▲ キジのオス。田んぼのあぜなどでみかけます。虫や、草のたねなどをたべます。

▲ ケリ。春、水を入れる前の田んぼやあぜで巣をつくります。昆虫やミミズ、カエルなどをたべます。

田んぼの鳥

田んぼには、いろいろな鳥がやってきます。田んぼにいる魚やミミズ、カエル、虫などをたべにくる鳥もいれば、スズメのように、イネや草の実もたべる鳥もいます。田おこしや農作業のときに、ほりおこされた草の芽やたね、にげる昆虫などをねらってやってくる鳥もいます。

なかには、ケリやカルガモのように、巣をつくって卵を産み、子育てをするために田んぼをつかう鳥もいます。また、ツバメは、巣の材料にするために、田んぼに土やわらをあつめにやってきたり、田んぼのまわりを飛んでいる虫をたべにもきます。

▲ツバメ。巣の材料にするどろや草をあつめたり、とんでいる虫をたべに、田んぼにやってきます。

▲チュウサギ。春から夏に、田んぼのまわりでカエルや虫、小魚などをたべます。同じなかまのコサギやアオサギも、よくみられます。

▲カルガモ。おもに草のたねや葉をたべます。初夏に水辺の草かげで巣をつくり、田んぼなどで子育てをします。

▼ハシボソガラス。雑食性で、カエルやザリガニ、木の実などをたべます。田おこしのときには、ほりおこされた虫やミミズをねらってあつまってきます。

第3章 花がさいて実ができる

夏になると、イネは穂を出し、花をさかせます。イネの花は花びらがないので、あまりめだちません。でも、花がさき、おしべでつくられた花粉がめしべについて受粉すると、実をむすび、育っていきます。秋になると、実の中のたねがすっかり育ち、米ができます。

■ 夏の田んぼ。イネが大きく育ち、穂ができはじめました。もうすぐ、穂いっぱいに花がさきます。

大きく育ち、風になびくイネ。この時期には、根からさかんに養分と水をすい上げます。

穂ができていく

梅雨があけて、夏の太陽をいっぱいにあびながら、イネは分げつをくりかえして、大きく育っていきます。このころには、茎の下の方が丸く、かたくなり、大きな葉が上にむかって立ってのびるようになっています。茎の先の部分には、穂のもとができています。

穂は、はじめは小さな綿のかたまりのような形ですが、だんだん大きくなり、えい（もみがら）につつまれた花がかたまってついた穂になっていきます。

8月に近づくと、最後の葉が出て、イネの分げつがとまります。この最後の葉を「とめ葉」といいます。このころには穂ができあがり、くるまれていた葉から、上に出てきます。1株のイネには、5本から20本ほどの穂がつきます。

早朝、イネの葉についていた水玉。夜間に葉の気孔からすてられたよぶんな水分が、ひやされてできます。

🔺 穂が成長をはじめて3週間ほどすると、えいにつつまれた花があつまった穂が、葉の内側にできあがります。さらに、穂の下側の茎がのびて、つつまれていた葉から穂が上におし出されてきます。

▲イネの花のつくり。2まいのえいにつつまれて、6本のおしべと1本のめしべがあります。

◀花がさいたイネの穂。とじていたえいがひらくと、花糸がのびて、おしべがえいの外側にあらわれます。ひらいたえいは1時間ほどでとじて、開花がおわります。

花びらのない花

　すがたをあらわしたイネの穂は、100こくらいの小さな花のあつまりです。1つずつの花は、えい（もみがら）につつまれていて、その中にめしべとおしべがあります。えいの中には、先が2つに分かれためしべが1本と、6本のおしべがあります。アサガオのような花びらはありません。

　穂があらわれると、その日かつぎの日に、花がさきはじめます。のびたおしべにおされるように、えいがひらき、おしべが外に出てきます。このときに、おしべの先にあるやくから花粉がこぼれ落ち、めしべの先の柱頭につきます（受粉）。

　受粉がすむとえいはとじるので、1つの花は1時間ほどでさきおわります。穂の先の方からさきはじめ、1週間くらいかけて穂全体の花がさいていきます。

1 10時15分
▲つけねの茎がのびて、葉につつまれていた穂がすがたをあらわしました。

2 10時20分
▲穂の上の方についているもみのえいがひらき、開花がはじまります。

3 10時27分
▲ひらいたえいから、のびたおしべが外側にあらわれます。

4 10時37分
▲上の方のもみから下の方のもみへと、つぎつぎとえいがひらいていきます。

5 10時45分
▲1時間ほどで受粉すると、おしべを外側にのこしたまま、えいがとじます。

6 12時18分
▲えいにはさみこまれたおしべは、やがてしおれて、落ちてしまいます。

35

柱頭

子房

▲ えいがとじたあとのめしべ。おしべから落ちた花粉が、ブラシのような柱頭にたくさんついています。写真は、えいをはずして中がみえるようにしたもの。

◀ 風でとびちるイネの花粉。花粉は小さく、風がふいてやくがゆれると、のこっていた花粉がとびちります。円内は顕微鏡でみたイネの花粉。直径0.02〜0.04㎜ほどしかありません。イネの花粉は、おしべがえいの外に出るときにも、やくからこぼれ落ちます。

たねが育っていく

　受粉すると、花粉は花粉管という細い管をのばします。そして、花粉管の先がめしべのつけねの子房にある卵細胞というつぶにたどりつくと、受精がおこなわれます。受精がおわると、卵細胞が成長をはじめ、子房がふくらんでいきます。

　卵細胞は成長をつづけ、10日ほどで、えいの内側いっぱいになるまで、たねのもと（胚）が育ちます。このころの胚は、まだやわらかく、胚をつつむ種皮の色もまだ白っぽい緑色です。

　そこから10日ほどすると、胚の緑色がこくなり、かたくなって、大きさが最大になります。さらに1週間ほどで胚がじゅうぶんに育ち、種皮がうす茶色になり、えいの色は黄色くなっていきます。

1 ▲受粉直後、えいがとじて、めしべの柱頭がしおれてきます。

2 ▲受粉2日後、めしべの柱頭がしおれて、子房の部分が大きくなりはじめます。

3 ▲受粉4日後、めしべの柱頭がすっかりしおれて、胚がふくらんできます。

4 ▲受粉6日後、胚が育って、えいの中をみたすように大きくなってきました。

5 ▲受粉8日後、胚が大きく育って、えいの中にいっぱいになりました。

6 ▲受粉14日後、胚がかたくなり、最大の大きさまで育ちました。

※1〜5の写真は、片方のえいをはずして中がみえるようにして撮影したものです。6の写真は、えいの中の胚が分かるように断面を撮影したものです。

大きくなった穂

　えいの中にたねができていくにつれて、穂のようすも変化していきます。花がさいたときには、穂はまっすぐ立っていましたが、だんだん重くなり、先がたれてきます。2週間くらいすると、全体がたれ下がり、穂が葉のあいだにかくれてしまいます。

　1か月ほどして、たねがかたくなり、うれはじめるころには、穂はさらにたれ下がります。そして、緑色だったえいの色が、黄色くなってきます。株全体の穂が成長をおえ、すべての穂が黄色くなり、りっぱな米がみのるのには、まだ、あと半月から1か月ほどかかります。

▲ 花がさいてから1か月後の穂。えいの色が黄色くなり、穂は全体が大きくたれ下がっています。

▲ 花がさきおわった穂。数日で子房がふくらみはじめて、穂の先がたれ下がりはじめます。

▲ 花がさいてから2週間ほどたった穂。えいの中いっぱいに胚が育ち、穂はたれ下がっています。

■ 穂全体が黄色くなってきたイネ。田んぼが黄色くそまります。

黄金色になったイネ

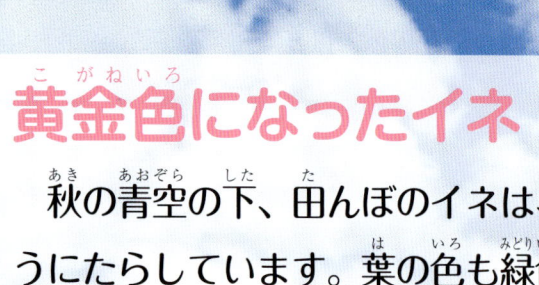

　秋の青空の下、田んぼのイネは、黄金色の穂を重そうにたらしています。葉の色も緑色がうすくなり、かれて黄色くなってきているものもあります。穂についた実はすっかりみのって、収穫されるのをまっています。このころには、水がぬかれて田んぼの土がかわいていて、イネかりがしやすくなっていきます。

● 黄金色の穂をたくさんつけたイネ。たくさんの実がみのった穂は、重そうに頭をたれています。

■ コンバインという機械を使ったイネかり。コンバインは、イネをかりとるだけでなく、脱穀してから実をふくろにつめるまでを、同時におこなうことができます。また、バインダーというかりとり専門の機械を使うこともあります。

◀ 機械が入りにくい場所や、たおれたイネなどをかりとるときは、人がかまを使ってかりとります。

イネをかりとる

　イネの実がじゅうぶんにじゅくしたら、いよいよイネをかりとります。コンバインやバインダーという機械を使ったり、人がイネかり用のかまを使ったりして、茎と葉を根もと近くで切って、かりとっていきます。

　かりとったイネは、乾燥させたあと、穂から実がとりはずされます。この作業のことを、脱穀といいます。さらに、実からえい（もみがら）をとりはずす作業（もみすり）をして、玄米があらわれます。玄米をそのままたいてたべることもありますが、ふつうは精米という作業をして、玄米から種皮をとった胚芽米や、さらに胚芽をとった白米にします。

イネをかりとったあとは……

▲ バインダーやかまでかりとったイネは、たばにして「はざ」という台にかけ、米の品質を高めてあまみを出すために、日光にあててよく乾燥させます。

▶ 乾燥させたイネを脱穀機（ハーベスター）にかけて、穂から実をとりはずし、ふくろづめしていきます。

▲ もみすり機でとりはずされ、すてられるえい。最近は大型のもみすり機で、一度に大量にもみすりをすることが多くなっています。

▲ 玄米。もみすり機でえいをはずした状態です。

▲ 胚芽米。玄米から種皮をとったもの。

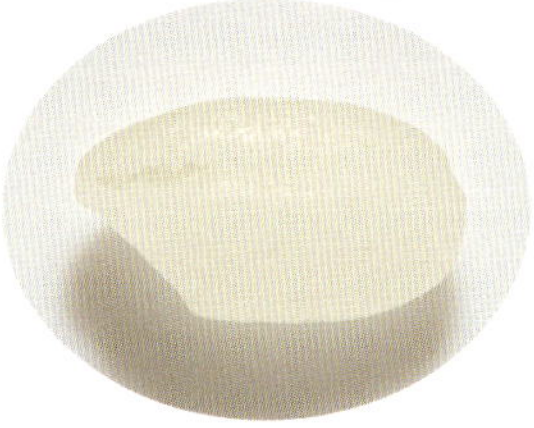

◀ 白米。玄米から種皮と胚芽をとったもの。

▲ コイン式精米所には、自分で精米ができるコイン式精米機が設置されています。玄米からぬか（種皮など）や胚芽をとりさって、胚芽米や白米をつくることができます。

43

◤ 1つのイネのかぶにできた穂。17本の穂が出て、そこに実ができました。

◧ 上のイネのかぶからとれた実。このイネからは1376つぶの実がとれました。

44

1つぶから1000つぶ以上に

イネのかり入れがおわり、たくさんの米が収穫できました。春にまいた1つぶのたねもみから育ったイネには、1000つぶ以上の実がなりました。1つぶのたねもみが1000倍以上の数になったのです。

かり入れがおわった田んぼには、かりとられたイネの茎がならんでいます。日あたりがよくなった田んぼには、雑草がのび、水がないかわいたすがたで冬をこえていきます。そして春になると、ふたたび水が入った田んぼにもどるのです。

🔺イネかりがおわった田んぼ。地域によっては、すぐに田んぼを荒おこし（土をおおまかにほりおこしてまぜる作業）し、かれたイネの茎や根、雑草などを土にまぜて肥料にします。

みてみよう やってみよう

バケツでイネを育てよう❶ なえを育てよう

■ バケツで育てたイネ。1本の穂ごとに100つぶほどのイネがみのりました。

　田んぼがなくても、庭やベランダなどで、イネを育てることができます。うまく育てれば、1つのバケツに植えたイネから、茶わん1ぱい分くらいの米を収穫することができます。

　大きめのバケツを使って、そこにイネのなえを植え、育ててみましょう。1つぶのたねから、イネがどのように育っていくかを、観察しましょう。

用意するもの

- 黒土
- 赤玉土（細粒）
- もみがらくん炭
- ポリポット
- ポリカップ
- 肥料（ケイ酸）
- たね

●たねをえらぼう

　たねは、種苗会社などで発売しています。園芸店や農協などに問い合わせたり、インターネットを使って購入しましょう。4月のはじめごろ、6ページで紹介したように、たねを塩水につけてえらび、うすめた酢に1日つけて消毒し、水道水につけます。

●芽が出たたねをまこう

　1週間くらいで、たねから根と芽が出てきます。ポリポットに3～4つぶずつまき、土ともみがらくん炭をかぶせ、発泡スチロールの箱やプランターにならべ、水をたっぷりかけましょう。ビニールでおおい、20～25℃のあたたかさで育てます。

●本葉2まいで水をはる

　芽がのび、2まいめの本葉がのびてきたら、なえを植えている土が3～5センチメートルの深さになるように、箱の中に水をためて育てましょう。プランターを使っているときは、水ぬきあなにせんをして、水がもれないようにします。水が干上がらないように、へった分の水をたしましょう。

たねのえらび方ととりあつかい方

① 塩水にたねをつけて、しずんだものを使います。

② 水で20～50倍にうすめた酢に1日つけます。(酢1：水20)

③ 消毒したたねを、水道水につけます。

④ 根と芽が出るまで、毎日水をとりかえます。

たねのまき方となえの育て方

① ポリポットの土に5～8mmの深さであなを3～4つあけ、たねをまきます。

② まいたたねの上に、土ともみがらくん炭をかぶせます。

③ ならべて*、水をたっぷりかけます。

④ ビニールでおおい、温度調節して育てます。

▲本葉が2まい出た状態のなえ。土の中には根がのびてきて、しっかりとなえをささえています。

＊ポリポットの数は育てるバケツの数によって調整しましょう。バケツ2つで3つくらい用意します。

みてみよう やってみよう

▲ 5/23 本葉が3まいになったところで、バケツに植えかえます。

▶ 本葉が5まいになり、分げつがはじまって、茎の数がふえてきます。

6/12

7/9

▲ 梅雨がおわり、夏の太陽をあびて、イネの成長が早くなってきました。分げつによって茎の数がふえ、全体の高さも高くなってきます。

8/31

▲ 受粉して実がつくられはじめ、立ち上がっていた穂の先がたれ下がってきます。

バケツでイネを育てよう❷
大きく育てよう

　本葉が2まいになったときに、植えかえ用のバケツを用意します。バケツには、水ぬきのあなをあけ、せんをして、土を入れ、水が5センチメートルくらいの深さになるようにします。本葉が3まいから5まいくらいになったときに、なえをバケツの土に植えかえましょう。

バケツに土を用意する

化成肥料 40g　過リン酸カリ 20g
黒土 10ℓ
赤玉土（細粒）10ℓ
赤玉土（大粒）
バケツ（20ℓ）
水 5㎝
まぜた土と肥料 23㎝
赤玉土（大粒）5㎝
水ぬきあなをあけ、せんをする。

▲ 土をつめたら、あわがブクブクと出なくなるまで水を入れます。

7/23

△ とめ葉（最後に出てくる葉）がのびてきて、分げつがおわります。ふえた茎の根もと近くでは、穂がつくられはじめています。このころに、うすめた液体肥料を追加します。

8/20

△ 十分にのびた葉が立ち上がるようにのび、そのあいだから、あらわれた穂に花がさきはじめました。全体の高さが80cm以上にまでなります。

9/10

△ 実が大きくなって、穂がさらにたれ下がり、穂の色も黄色くなってきます。

9/24

△ 実がうれて、かたくなってきました。穂が重そうにたれてきました。水ぬきあなのせんをぬいて、水をぬきます。

49

みてみよう やってみよう

バケツでイネを育てよう ❸
収穫しよう

穂が出て1か月半ほどすると、穂全体の実が完全にじゅくします。中にあるたねは、すき通ったうすい茶色になっています。このようになったら、栽培はおしまいの段階です。あとはイネをかりとって、おいしい米を収穫するだけです。

▶実が完全にじゅくして、収穫をまつばかりのイネ。多くの葉はかれて、黄色くなってきています。

◀黄金色にみのったイネの穂。イネの種類や育てる場所の気候のちがいによって、かり入れまでの時間はかわってきます。

●イネをかりとる

イネをかりとるときは、根元から30センチメートルほどの場所で茎をつかみ、かまを使って、地面から10センチメートルほどの部分でかりとります。かりとったイネをたばにして横たえて、茎の部分をひもなどできつくしばりましょう。たばをさかさにして2つに分け、ぼうなどにかけ、かわかします。

▲地面から10㎝ほどの場所でかりとる。 　▲たばにして、ひもなどでしばる。 　▲日があたる風通しのよい室内にほす。

＊かまを使うときは、きけんなのでかならずおとなの人にやってもらうか、いっしょに作業しましょう。

●ほして、実をはずす

1週間から10日ほどかわかしたら、脱穀して、穂から実をはずしましょう。農家の人は、機械や器具を使って脱穀しますが、イネの数が少ない場合は、わりばしを使ったり、手ぶくろをはめた手でしごいて、脱穀することができます。

▲手ぶくろをはめた手で穂をしごいて、実をおとします。

▲わりばしで穂をはさみ、穂を引いて、実をおとします。

◀せん風機の前に板を立てて、風を調節して、からの実やゴミとよい実をえり分けます。

●えいをはずす

脱穀した実は、えい（もみがら）につつまれています。このえいをはずすと、中から玄米が出てきます。この作業を「もみすり」といいます。すりばちに実を入れ、硬式野球のボールでしずかにこすると、えいをかんたんにはずすことができます。

▲すりばちの中に、実を少し入れます。

▲野球ボールをかるくおしつけて、こすります。

◀せん風機の前で、ざるをかまえ、えい（もみがら）をとばしながら、玄米を受けます。

●精米する

玄米をそのままたいてたべることもできますが、よくみるのは、玄米を精米した白米です。精米は、玄米からぬか（種皮など）や胚芽をとりさる作業です。現在は、精米機を使って精米するのがふつうですが、量が少なければ、びんと丸いぼうを使ってかんたんに精米することもできます。

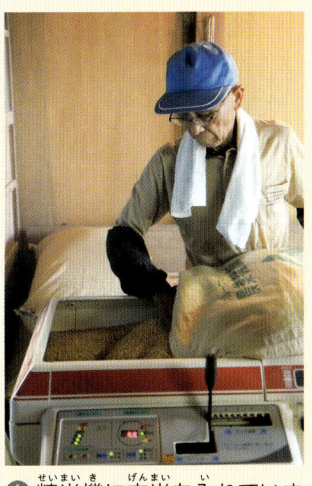

▲精米機に玄米を入れています。胚芽米や白米など、さまざまな精米の段階を調整することができます。

▲細めのびんに玄米を入れ、丸いぼうでついて、ぬか（種皮と胚芽）をけずりおとしていきます。

みてみよう やってみよう

イネと米を調べよう① いろいろな米

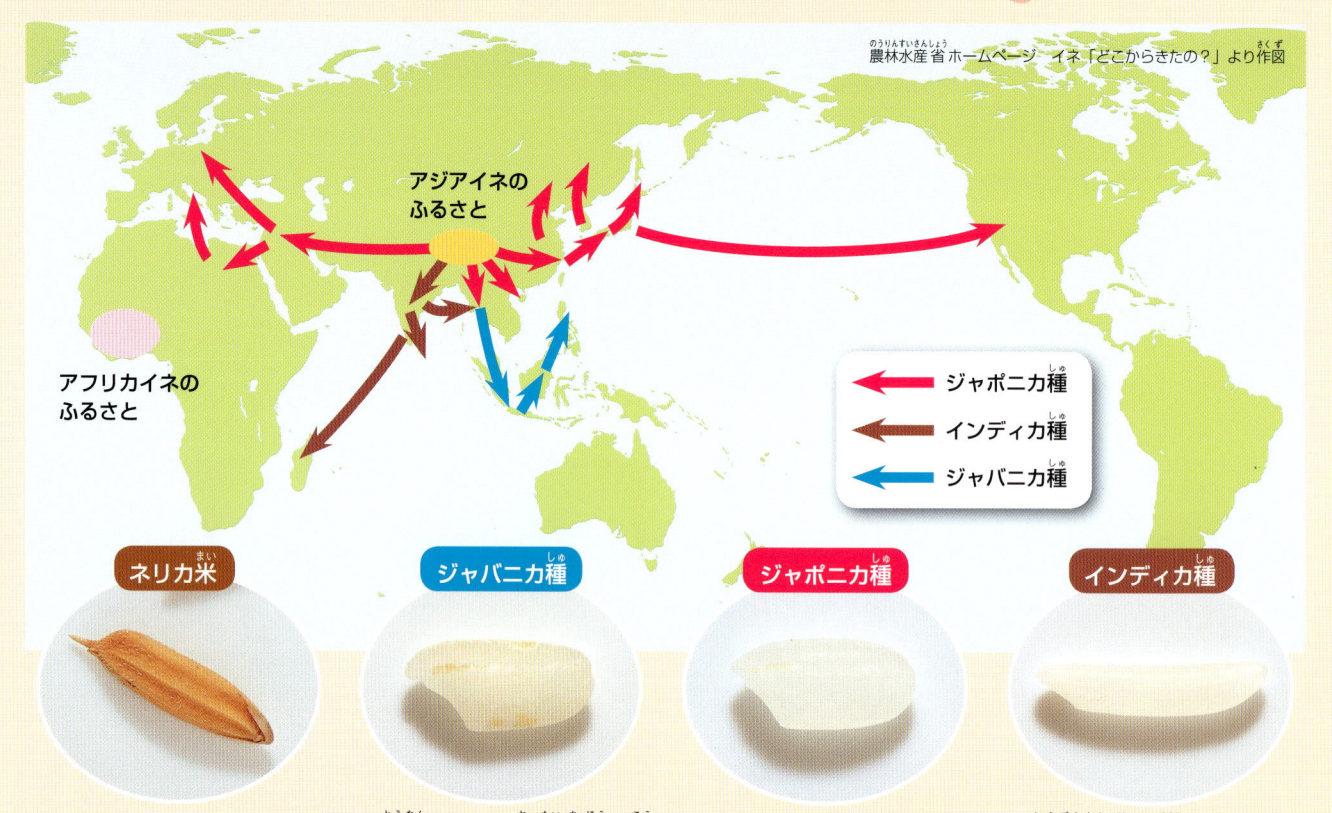

農林水産省ホームページ イネ「どこからきたの？」より作図

アジアイネのふるさと

アフリカイネのふるさと

凡例：
- ← ジャポニカ種（赤）
- ← インディカ種（茶）
- ← ジャバニカ種（青）

ネリカ米
アジアイネにアフリカイネの花粉をつけてつくったイネです。乾燥や害虫に強いうえ、成長が早く、タンパク質が多くふくまれています。おもにサハラ砂漠より南のアフリカで栽培されています。

ジャバニカ種
東南アジアの熱帯地方の高地で栽培してきたイネです。寒さや乾燥に強く、米つぶのはばが広く、大きいです。現在はアフリカの地中海沿岸地域、マダガスカル、イタリア、南アメリカでも栽培されています。

ジャポニカ種
わたしたちがふだんたべているイネです。日本や朝鮮半島で栽培されてきたイネです。現在は、中国や台湾の北部、カスピ海沿岸、アメリカ合衆国やオーストラリア、エジプトでも栽培されています。

インディカ種
中国南部や南アジア、インドなどで栽培されてきたイネです。米つぶが細長く、たいたときにややパサパサしています。現在は、カスピ海沿岸、アメリカ合衆国、中・南アメリカでも栽培されています。

　イネは、アジアを中心に、世界のさまざまな場所で栽培され、その実である米が食糧として利用されています。今、世界中で利用している米は、2万種類（品種）以上あるといわれていますが、イネの種としてはアジアイネとアフリカイネの2種しかなく、そのうちのほとんどがアジアイネです。

　アジアイネは中国の長江（揚子江）のまわりで生まれた種で、わたしたちがたべているジャポニカ種とそれに近いジャバニカ種、細長くややパサパサしたインディカ種という3つの型に分けられます。アフリカイネは、西アフリカで生まれたイネで、西アフリカの一部の地域だけで栽培されています。

●うるち米ともち米

米には、わたしたちがふだんご飯としてたべているうるち米と、もちや赤飯にするもち米があります。うるち米はねばりけが少ない米で、多くは田んぼで栽培されています。もち米はねばりけが多い米で、日本では田んぼより畑で栽培されることが多いです。

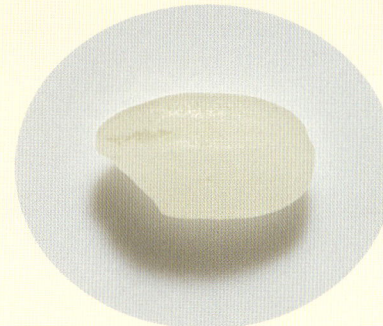

◁うるち米。胚乳の部分がすきとおった白い色です。日本ではおもにご飯としてたべたり、せんべいや上新粉（米粉）、日本酒の原料にします。

▷もち米。胚乳の色が不透明な白です。日本では、もちや赤飯の原料、みそやしょう油、日本酒をつくるときのこうじなどに使われます。

●古代米

米は、今から6000年（日本では4500年）ほど前から栽培されてきました。そのころ栽培されていた米や野生の米などの特徴をのこしている米を、古代米といいます。古代米には種皮などに色がついていて、色によって赤米や黒米、緑米とよばれます。アジアの国ぐにでは、おめでたいことのあった日の食べものに利用しています。

△白米に赤米をまぜてたいた赤飯。江戸時代までは、小豆をまぜた赤飯ではなく、赤米をまぜた赤飯が一般的でした。

△赤米。赤飯のもとの形になった米といわれています。

△黒米。黒紫米、紫米ともいわれます。ビタミンやカルシウムが豊富です。

△緑米。もち米で、ねばりけが強く、あまみがあります。

みてみよう やってみよう

画像中のラベル:
- ビーフン
- いりぬか
- あま酒
- みりん
- 日本酒
- す
- 上新粉（じょうしんこ）
- みそ
- しょう油
- あられ
- だんご
- もち
- せんべい

■ 米を原料にしたり、つくるとき米を使う食品や製品。

イネと米を調べよう❷　米とくらし

　日本では、大昔から米を主食として利用していました。そのため、くらしの中のいろいろな部分で、米やイネの栽培との深いつながりがたくさんみられます。

　たとえば、米を原料にしたり米を加工した、さまざまな食品や製品を利用しています。また、すしやつけもの（ぬかづけやこうじづけ）、どんぶりものなど、米と合う食材を使ったさまざまな郷土料理が日本各地でつくられ、つたえられてきました。

　また、米やイネの栽培に関連したいろいろな行事やお祝いがあったり、そのときに、米を使ったさまざまな料理がつくられたりもします。

●米と行事

米やイネの栽培と関係する行事には、米がたくさんとれることを神に願う田楽や御田植えなどがあります。また、イネが順調に育つことを願ったり、米がとれてたべられることを神に感謝をするために、夏祭りや秋祭り、新嘗祭などがおこなわれています。

相撲ももともとは、土地からわざわいを追いはらい、米がたくさんとれることを願っておこなわれていたともいわれています。

△田楽。田植えの前に、歌に合わせ、田植えをあらわすおどりをし、米がたくさんとれることを願います。

△御田植え。神社や寺などの田んぼで、昔の衣装を着た人が手で田植えをし、米がたくさんとれることを願います。

△相撲。神社の境内などで、四股をふんで土地をおはらいしたり、相撲をとることで、いろいろなお願いをします。

△新嘗祭。作物の収穫を感謝して、11月23日に、みのったイネと米からつくった日本酒を神にささげます。

●行事でたべる米

日本では、正月や節句、彼岸などのときに、米をつかった料理（もちやあられ、すしなど）や、のみもの（日本酒やおとそなど）で祝いをする風習があります。

また、祝いごとのときに赤飯をたべる風習や、彼岸におはぎやぼたもちをたべる風習は、むかしの祝いごとのときなどに、赤米や黒米をたべていたことから変化したのだともいわれています。

●正月
鏡もち／おとそ／雑煮 

●もものの節句（ひなまつり）
ひしもち／ちらしずし／ひなあられ／白酒

●端午の節句（こどもの日）
ちまき／かしわもち

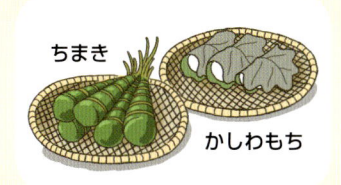

●彼岸
おはぎ／ぼたもち

●祝いごとのとき
赤飯

みてみよう やってみよう

イネと米を調べよう❸ ごはんをたいてみよう

　自分で育てて収穫した米や家でふだんたべている米を使って、ごはんをたいてみましょう。ふだんは炊飯器でたいていると思いますが、なべを使ってたいてみましょう。米の量が少なくても、おいしいごはんをたくことができます。

　ごはんをたくときには、かならずおとなの人といっしょにたきましょう。

米、計量カップ（180mℓ用）、なべ（ふたつきのもの）、しゃもじ

▲米、計量カップ、なべを用意します。

ふちを指でなぞるようにする。

△ 計量カップ（180mℓ）で、米の量を計ります。1ぱい分が1合で、茶わん2ぜんくらいのご飯がたけます。1〜3合くらい計りましょう。

米をとぐ。
米と水を入れる。
水をすてる。
水ですすぐ。

△ なべに計った米を入れ、全体がひたるくらいに水を入れます。手で20回ほどかきまぜて（米をとぎ*）、水ですすぐことを2〜3回くりかえします。

米の1.1倍の水

△ 水をすてたあと、米の1.1倍の量の水を計って入れます。そのまま、30分くらい水にひたしたままにして、米に水をすわせます。

かならずふたをする。
強火

△ なべにふたをして、強火でたきます。水がふっとうする（ふたがコトコトと音をたてる）まで、熱しつづけます。

ゆげが出る。
中火

△ ふっとうしたら、火を弱めて中火にします。そのまま5分くらいたきつづけます。

ゆげが出つづける。
弱火

△ 5分たったら、火をさらに弱めて、弱火にします。そのまま、5〜7分くらい、さらに熱し、米の中まで、十分に火を通します。

少しこげたようなにおい
火をとめる。

△ 5〜7分すると、だんだんゆげが出なくなり、少しこげたような、いいにおいがしてきます。これを合図にして、火をとめます。

△ ふたをあけず、10〜15分くらいそのままにしてむらします。こうすると、米の表面にある水分を内側まで十分にしみこませることができます。

△ むらしおわったら、できあがりです。ふたをあけて、しゃもじでごはんを軽くまぜます。しゃもじで、茶わんにもりつけて、たべましょう。

*無洗米の場合には、米はとがず、次の手順に進みます。

田んぼのカレンダー　3月〜8月の田んぼ

▲ 田おこしされて、田植えの準備がはじまりました。

3月
春になると、田植えの準備がはじまります。田おこしで、かたまった土をほぐし、たねまきの準備もします。

▲ 田おこし

▲ たねまき

4月
田んぼに水を入れて代かきをする前に、ゲンゲ（レンゲソウ）を育てたり、さらに土が細かくなるように田おこしをします。

▲ 水を入れる前に、土をたいらにならします。

▲ ゲンゲ　田んぼでゲンゲを育て、代かきの前に土の中にすきこんで、肥料にします。

▲ あぜぬり　水がもれないように、しっかりとあぜをかためます。

5月
田んぼに水を入れ、代かきをして土に水をしみこませ、土をたいらにします。苗代でなえを育て、田植えのじゅんびをします。

▲ 田んぼに水を入れ、代かきをしています。

▲ 肥料をまく　代かきしたあとに、肥料をまいて土に栄養をたします。

▲ 代かき　1回めは土と水をよくまぜ、2回めは田んぼの土をたいらにならしていきます。

田んぼの1年は、田おこしからはじまります。3月から8月は、田んぼのようすが大きく変化していきます。

6月

育ったなえを、代かきがすんだ田んぼに植えます。水路やため池から田んぼに水辺の生きものが移動してきます。

▲ 田植え

▲ 田植えがすんだ田んぼ。

7月

田んぼの水があたたまり、イネがどんどん成長します。田んぼの中やまわりの雑草も成長するので、草とりをして、雑草をとりのぞきます。

▶ 草とり　田んぼの中やまわりの雑草は、人間の手でとりのぞいていきます。

▶ 中ぼし　根に酸素をあたえ、肥料をよくすうように、1～3週間ほど、田んぼの水をぬきます。

▲ 分げつが進み、イネの葉がしげってきた田んぼ

8月

イネの穂が出て、花がさき、実が育ちはじめます。日でりや台風の被害を受けることもあります。

◀ 開花　おしべの花粉がめしべにつくと受粉して、実が育ちはじめます。

▶ たおれたイネ　日でりや台風が、実の育ち方に大きく影響することもあります。

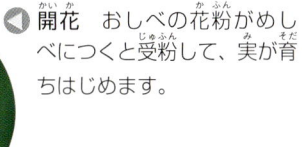

▲ 穂が出て花がさいた田んぼ。

田んぼのカレンダー　9月～2月の田んぼ

▲ 実が育ち、全体が色づいてきた田んぼ。

9月
イネの穂が育ってくると、田んぼから水がぬかれます。土がだんだんかわいて、かり入れが近づいてきます。

▲ 水ぬき

▲ かかしづくり　育った実を鳥からまもるため、かかしをつくって田んぼに立てます。

▲ かり入れがおわったあとの田んぼ。

10月
黄金色にみのったイネをかり入れ、脱穀や精米作業をして、米にします。

▲ かり入れ　土がかわいた田んぼに機械や人が入り、イネのかり入れがおこなわれます。

▲ 脱こく～精米　かり入れたイネから米を収穫する作業がおこなわれます。

▲ 田焼きをおえ、田おこしをした田んぼ。

11月
かり入れがおわったあとは、切りかぶをもやして灰をつくったり、田おこしをして土にうめたりします。

▼ 田焼き　切りかぶやかれ草をもやして灰にし、土にまぜます。

イネが黄金色にみのり、かり入れがすむと、田んぼは役割りをおえて、水のないすがたで春をまちます。

12月

田んぼは、何もはえていない畑のようなすがたになり、生きもののすがたも少なくなります。

▽荒おこし　かり入れのあとに、何回か田おこしをすることもあります。

△水はけをよくするために、うねをつけた田んぼ。

1月

しもが下りたり、雪がふったりして、寒さがいっそうきびしくなります。生きもののすがたもほとんどみえません。

◁くわ入れ（くわ初め）えんぎのよい方角の畑や田んぼをたがやし、米やもちをおそなえします。

△雪がつもった田んぼ。

2月

後半になると寒さがやわらいできますが、田んぼでは、作業はおこなわれません。春がくるのはもう少し先です。

▷農閑期　田んぼでの作業がない時期には、昔はわらをあんだり、農業に使う器具の手入れなどをしました。

△春をまつ田んぼ。

さくいん

あ
- アイガモ ------ 19
- 赤米（あかまい） ------ 53,55
- アサガオ ------ 9,18,34
- アジアイトトンボ ------ 25
- アジアイネ ------ 52
- あぜぬり ------ 15,58
- アフリカイネ ------ 52
- アメリカカブトエビ ------ 23
- アメリカザリガニ ------ 22,23,63
- アメンボ ------ 24
- イネアオムシ ------ 27
- イネミズゾウムシ ------ 27
- インディカ種（しゅ） ------ 52
- ウシガエル ------ 23,63
- うるち米（まい） ------ 53
- えい ------ 6,7,32,33,34,35,36,37,38,42,43,51,63
- おしべ ------ 30,34,35,36,59,63
- 親茎（おやぐき） ------ 18,19

か
- 害虫（がいちゅう） ------ 26,27,52
- 外来生物（がいらいせいぶつ） ------ 23,27,63
- 花糸（かし） ------ 34
- 果皮（かひ） ------ 7
- 花粉（かふん） ------ 30,34,36,52,59,63
- 花粉管（かふんかん） ------ 36,63
- カルガモ ------ 29
- キクヅキコモリグモ ------ 26
- 気孔（きこう） ------ 13,32
- キジ ------ 28
- ギンブナ ------ 22
- 草とり（くさ） ------ 18,19,59
- クモヘリカメムシ ------ 27
- 黒米（くろまい） ------ 53,55
- ケリ ------ 28,29
- ゲンゲ ------ 14,15,58
- ゲンジボタル ------ 24
- 玄米（げんまい） ------ 42,43,51
- コオイムシ ------ 25
- 子茎（こぐき） ------ 18,19,63
- 黒紫米（こくしまい） ------ 53
- 古代米（こだいまい） ------ 53
- コバネイナゴ ------ 26,27

コンバイン ------ 42

さ
- さじ葉（ば） ------ 8,9,10,11
- シオカラトンボ ------ 25
- ジャバニカ種（しゅ） ------ 52
- ジャポニカ種（しゅ） ------ 52
- 種皮（しゅひ） ------ 36,42,43,51
- 受粉（じゅふん） ------ 30,34,35,36,37,48,59,63
- 子葉（しよう） ------ 8,9,11,63
- 代かき（しろ） ------ 14,15,58
- 水生昆虫（すいせいこんちゅう） ------ 24
- スズメ ------ 28,29
- 精米（せいまい） ------ 42,43,51,60
- セジロウンカ ------ 27
- 双子葉（そうしよう） ------ 9,63

た
- 田植え（たう） ------ 6,7,14,16,17,19,55,58,59
- 田植え機（き） ------ 16
- 田おこし（た） ------ 14,15,29,58,59,60,61
- 脱穀（だっこく） ------ 42,51,60
- 棚田（たなだ） ------ 16
- たねもみ ------ 4,6,45
- 単子葉（たんしよう） ------ 9,63
- チュウサギ ------ 29
- 柱頭（ちゅうとう） ------ 34,36,37,63
- 通気孔（つうきこう） ------ 12,13
- ツバメ ------ 29
- ツマグロヨコバイ ------ 27
- ツユクサ ------ 9
- ドジョウ ------ 22
- トノサマガエル ------ 20
- とめ葉（ば） ------ 32,49

な
- なえどこ ------ 13
- ナガコガネグモ ------ 26
- なわしろ ------ 13,14
- ニホンイモリ ------ 23
- ネリカ米（まい） ------ 52

は
- 胚（はい） ------ 36,37,38
- 胚芽（はいが） ------ 7,42,43,51,63
- 胚芽米（はいがまい） ------ 42,43,51
- 胚乳（はいにゅう） ------ 7,8,9,11,53,54,63

白米	42,43,51,53
ハシボソガラス	29
花	30,31,33,34,38,49,59,63
ひげ根	9,11,63
ヒマワリ	11,18
ヒメゲンゴロウ	25
ヒメジャノメ	26
フタオビコヤガ	27
分げつ	18,19,32,48,49,59,63
本葉	8,9,10,11,13,16,18,47,48,63

ま

マツモムシ	24,25
マルタニシ	23
ミジンコ	22,23
ミズスマシ	24,25
緑米	53
紫米	53
めしべ	30,34,36,37,59,63
メダカ	22,23
もち米	12,53
もみがら	6,32,34,42,51,63
もみすり	42,43,51

ら

卵細胞	36,63
緑藻	22
レンゲソウ	14,58

この本で使っていることばの意味

えい（もみがら） イネの花の外側にある2枚の小片。小さな葉のような形で、めしべとおしべをつつんでいて、開花するときはひらいて、外側におしべが出てきます。受粉後はとじて、たねをつつむようになります。実がじゅくすころには乾燥して、たねに密着しています。

外来生物 もともとはその場所に分布していなかった生物が、ほかの場所から導入されて野生化し、繁殖するようになったもの。帰化生物ともいいます。本来そこにいた生物をほろぼしたり、追い出したり、交雑したりして、環境に悪影響をあたえるものも少なくありません。田んぼでは、アメリカザリガニ、ウシガエル、サカマキガイ、カブトエビ類などの外来生物がみられます。

受粉 種子植物のめしべの柱頭に、おしべのやくでつくられた花粉がつくこと。柱頭についた花粉は、花粉管をのばして、めしべの中にもぐりこんでいきます。そして、のびていく花粉管の中で精細胞という細胞ができ、先の方へ移動していきます。花粉管の先がめしべの胚珠という部分にある卵細胞にたどりつくと、受精（精細胞と卵細胞の核が合体すること）がおこり、たねがつくられはじめます。

子葉 種子植物のたねの中にすでにできている最初の葉。イネなど単子葉植物では、子葉は1まいです。イネでは、子葉は本葉をつつんで保護し、たねの本体の胚乳から栄養をすって、根や茎、葉に送るやくめをします。ダイズをふくめ、ほとんどの双子葉植物の子葉は2まいあり、地上に出てひらくものはふた葉ともよばれます。双子葉植物では地上に出てひらいた子葉は、日光をあびて、根からすい上げた水と空気中からとり入れた二酸化炭素で、栄養分をつくりだします。これを光合成といいます。子葉が光合成でつくりだした栄養分は、つぎに出てくる葉（本葉）が成長し、ひらくために使われます。マメのなかまや、アブラナ、クリ、ゴーヤなどでは、ほかの植物にくらべて子葉が大きく、根や茎、葉が成長する栄養分を多くそなえています。これらの植物では、子葉はひらいても大きくならず、光合成をあまりしないか、地上に出ずに光合成をまったくおこなわないものもあります。

根 種子植物とシダ植物がもつ基本的な器官の1つ。ふつうは地中にあり、地上にある植物の体をささえ、地中から水や養分をすい上げ、地上にある茎や葉などにおくるやくめをします。イネやトウモロコシなどの単子葉植物では、同じような太さの細いひげ根がたくさんのびます。これに対してダイズをはじめ双子葉植物では、太い主根があり、そこから側根が枝分かれしてのびます。根には毛のように細い根毛がたくさんはえていて、ここから地中の水や養分をすい上げます。

胚芽と胚乳 胚芽は種子植物のたねの中にある根と芽のもとです。胚乳は胚芽とつながっていて、根と芽が成長するための栄養をたくわえている部分です。

分げつのしかた

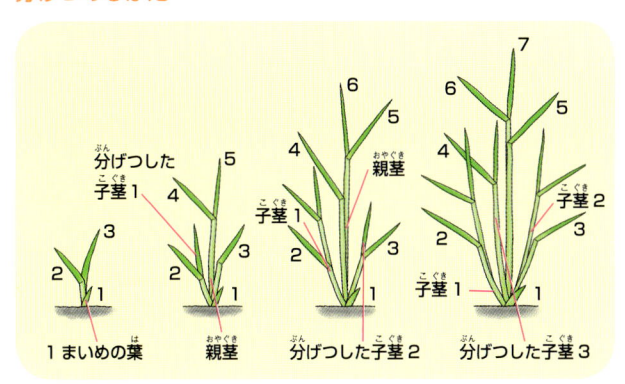

NDC 479
飯村茂樹
科学のアルバム・かがやくいのち 20
イネ
米ができるまで

あかね書房 2020
64P 29cm × 22cm

- ■監修　　白岩 等
- ■写真　　飯村茂樹
- ■文　　　大木邦彦（企画室トリトン）
- ■編集協力　企画室トリトン（大木邦彦・堤 雅子）
- ■写真協力　アマナイメージズ
  - p 7 左上　佐藤あきら
  - p11 右下　埴 沙萠
  - p13 左下　和久井敏夫
  - p19 下　　奥田 實
  - p29 左上　亀田龍吉
  - p36 右上　中島 隆
  - p36 右下　和久井敏夫
  - p51 左下　MIXA CO., LTD./amanaimages
  - p54 大木邦彦
- ■イラスト　小堀文彦
- ■デザイン　イシクラ事務所（石倉昌樹・隈部瑠依）
- ■撮影協力　滋賀県各地の農家の方々
- ■協力　　白岩 等
- ■参考文献
  - ・『科学のアルバム　イネの一生』(1974), 守矢 登, あかね書房
  - ・『そだててあそぼう6　イネの絵本』(1998), 編・山本隆一／絵・本くに子, ㈳農山漁村文化協会
  - ・『写真でわかるぼくらのイネつくり1〜3』(2002), 編・農文協／写真・赤松富実仁, ㈳農山漁村文化協会
  - ・『イネつくりのコツのコツ』(2011), 編・農文協, ㈳農山漁村文化協会
  - ・『地球を救う！植物　イネ・米』(2013), 津幡道夫, 大日本図書
  - ・『田んぼの一年』(2013), 向田智也, 小学館
  - ・農林水産省HP, イネ「どこからきたの？」(2007)
    http://www.maff.go.jp/j/agri_school/a_tanken/ine/01.html#header
  - ・Japanese Institutional Repositories Online「水稲における分げつ増加様式の解析」後藤雄佐,(455) 1992
    http://ir.library.tohoku.ac.jp/re/bitstream/10097/16116/1/A2H040455.pdf

---

科学のアルバム・かがやくいのち 20
イネ 米ができるまで

2014年3月初版　2020年7月第2刷

著者　　飯村茂樹
発行者　岡本光晴
発行所　株式会社 あかね書房
　　　　〒101-0065　東京都千代田区西神田３−２−１
　　　　03-3263-0641（営業）　03-3263-0644（編集）
　　　　http://www.akaneshobo.co.jp
印刷所　株式会社 精興社
製本所　株式会社 難波製本

©Nature Production, Kunihiko Ohki. 2014 Printed in Japan
ISBN978-4-251-06720-3
定価は裏表紙に表示してあります。
落丁本・乱丁本はおとりかえいたします。